BEI GRIN MACHT SICH IHR WISSEN BEZAHLT

AF139812

- Wir veröffentlichen Ihre Hausarbeit, Bachelor- und Masterarbeit

- Ihr eigenes eBook und Buch - weltweit in allen wichtigen Shops

- Verdienen Sie an jedem Verkauf

Jetzt bei www.GRIN.com hochladen und kostenlos publizieren

GRIN

Bibliografische Information der Deutschen Nationalbibliothek:

Die Deutsche Bibliothek verzeichnet diese Publikation in der Deutschen National-
bibliografie; detaillierte bibliografische Daten sind im Internet über http://dnb.d-
nb.de/ abrufbar.

Impressum:

Copyright © 2018 GRIN Verlag
Druck und Bindung: Books on Demand GmbH, Norderstedt Germany
ISBN: 9783668892293

Dieses Buch bei GRIN:

https://www.grin.com/document/456806

Maurice Gangl

Die Pisa-Studie: Fluch oder Segen? Darstellung kontroverser Standpunkte anhand eines Unterrichtsentwurfs

GRIN Verlag

GRIN - Your knowledge has value

Der GRIN Verlag publiziert seit 1998 wissenschaftliche Arbeiten von Studenten, Hochschullehrern und anderen Akademikern als eBook und gedrucktes Buch. Die Verlagswebsite www.grin.com ist die ideale Plattform zur Veröffentlichung von Hausarbeiten, Abschlussarbeiten, wissenschaftlichen Aufsätzen, Dissertationen und Fachbüchern.

Besuchen Sie uns im Internet:

http://www.grin.com/

http://www.facebook.com/grincom

http://www.twitter.com/grin_com

Universität zu Köln

Mathematisch-Naturwissenschaftliche Fakultät

Institut für Chemiedidaktik

Seminar im Wintersemester 2017/18:

Vertiefende Aspekte der Chemiedidaktik

Hausarbeit zum Thema:

Pisa-Studie 2015

Ein Stundenentwurf für die Pisa-Kontroverse

Maurice Gangl

„Die Neugier steht immer an erster Stelle des Problems, das gelöst werden will."

Galileo Galilei

Inhaltsverzeichnis

1 Einleitung

Als Schock blieb vielen Deutschen die Pisa-Studie 2000 im Gedächtnis. Hierbei stellte sich heraus, dass jede/r vierte SchülerIn nicht richtig lesen und schreiben konnte. (Kerstan, 01.12.2011) Dies nahm die Politik zum Anstoß das deutsche Schulsystem zumindest in Teilen zu erneuern und schaffte dadurch kompetenzorientierten Unterricht. Da die Pisa-Studie immer noch ein diskursreiches Thema ist, wird diese in dieser Arbeit kurz vorgestellt. Dabei werden der Aufbau, die Resultate und eine ausgewählte Beispielaufgabe der Pisa-Studie 2015 näher erläutert, da diese einen naturwissenschaftlichen Schwerpunkt darstellte. Des Weiteren werden sowohl die naturwissenschaftliche Grundbildung und die daraus resultierenden drei Wissensstrukturen dargelegt, die für ein grundliegendes Verständnis der Thematik benötigt werden. Im zweiten Teil der Hausarbeit ist die Vorstellung der gehaltenen Unterrichtsstunde das Hauptthema. Dabei wird hier auf die Lernzielschwerpunkte, die Lernvoraussetzungen und die Methodenwahl eingegangen. Zum Abschluss findet sich eine Zusammenfassung und das Feedback der gehaltenen Stunde.

Als Literatur wurde hauptsächlich das Informationsmaterial der OECD verwendet. Zur Bewertung und Erläuterung der Methoden wurde auf „Methoden für den Unterricht" von Wolfgang Mattes zurückgegriffen.

2 Pisa-Studie 2015

Die Pisa-Studie wird seit 2000 in drei Jahres Abständen durchgeführt. Diese ist eine Schulleistungsstudie, die von der Organisation für wirtschaftliche Zusammenarbeit und Entwicklung (OECD) ausgeführt wird. Dabei werden in dem Programme for International Student Assessment (kurz: PISA) weltweit Kernkompetenzen und Kenntnisse von fünfzehnjährigen SchülerInnen drei Kategorien evaluiert, welche für eine volle Teilhabe am gesellschaftlichen Leben nötig seien. (Schleicher, S. 3) Dabei handelt es sich um *Naturwissenschaften, Lesekompetenz* und *Mathematik*. Die aus der Studie abgeleiteten Ergebnisse werden in einem Ranking veröffentlicht, welches bereits zu Beginn der Studie einen Schockzustand in manchen Ländern auslöste. Insgesamt nahmen an der Studie im Jahr 2015 weltweit rund 540.000 SuS in 72 Ländern teil. Neu war es nun, dass die Probanden einen computergestützten Test erhielten. Zur Bearbeitung der Aufgaben hatten die SchülerInnen zwei Zeitstunden Zeit. Dabei unterteilten sich diese in Multiple-Choice- und Freitextaufgaben. Durch die hohe Anzahl an Aufgaben konnte erstmalig jedem/r einzelnen SchülerIn ein eigener Test gestellt werden. Zusätzlich zu diesem wurden im Anschluss Fragebögen zum sozioökonomischen Hintergrund der SuS sowie Lehrer- und Schulfragebögen ausgeteilt. (ebd.)

2.1 Ergebnisse

Deutsche SchülerInnen erzielen in den drei Erhebungsbereichen der Pisa-Studie 2015, Naturwissenschaften, Lesekompetenz und Mathematik über dem OECD-Durchschnitt liegende Leistungen (siehe Tab.1 im Anhang). (Rose, S. 1, 13) Rund 11% der SuS gehören in Deutschland im Bereich NW zur Kategorie der besonders leistungsstarken SuS. Dieses Ergebnis

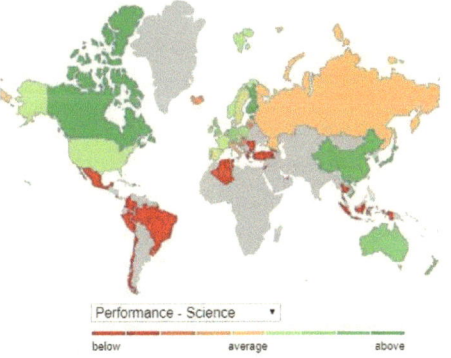

Abbildung 1) OECD-Vergleich Naturwissenschaften

liege 3% über dem OECD-Durchschnitt. (ebd., S. 1) Das Durchschnittsergebnis der SchülerInnen im Testbereich der Naturwissenschaften liegt bei 509 Punkten. Damit ist es über dem OECD-Durchschnitt und entspricht den Ergebnissen von z.B. den Niederlanden, der Schweiz, Korea und Irland.

5

Der Rückgang in den Testergebnissen seit 2006 stellt mit 1,7 Punkte pro drei Jahre keine signifikante Veränderung dar. Durch eine 2014 angelegte Feldstudie, die den Vergleich zwischen den papier- und computergestützten Tests darstellt, sei kein Schwierigkeitszuwachs durch die Eingabeänderung festzustellen, sodass man davon ausgehen könne, dass sich das veränderte Testverfahren nicht negativ auf oben erwähnte Verschlechterung auswirkte. Im OECD-Durchschnitt gelinge es mehr als 20% der SchülerInnen nicht in den Naturwissenschaften das Grundkompetenzniveau der zweiten Stufe zu erreichen. Auf diesem Kompetenzniveau sind diese in der Lage, einfache naturwissenschaftliche Inhalte und Vorgehensweisen zu nutzen, um damit passende naturwissenschaftliche Erklärungen zu erkennen und die damit verbundenen Daten zu interpretieren. 8% der SchülerInnen im OECD-Raum erreichen die Kompetenzstufen 5 und 6. Diese können ihre naturwissenschaftlichen Kenntnisse und Kompetenzen eigenständig in einem breiten Situationsspektrum anwenden. Der Anteil an leistungsstarken SchülerInnen liegt in Deutschland über dem OECD-Durchschnitt. (ebd., S. 1 f.)

2.1.1 Geschlechterspezifischer Leistungsunterschied

Es gibt auch Leistungsunterschiede zwischen Jungen und Mädchen. In Deutschland erreichen weniger Mädchen Kompetenzstufe 5 oder darüber. Hinzu käme, dass auch Mädchen, welche selbst besonders leistungsstarke Ergebnisse lieferten, mit geringerer Wahrscheinlichkeit als Jungen, im späteren Berufsleben einen naturwissenschaftlichen

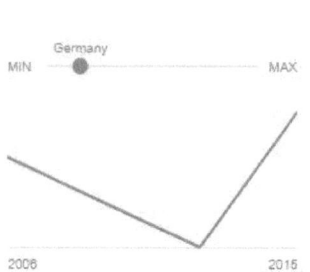

Abbildung 2) Leistungsunterschied zwischen Jungen und Mädchen im Vergleich der Pisa- Studien 2006 und 2015. (OECD, 12.01.2018)

Arbeitsschwerpunkt wählen. (ebd., S. 1) In Deutschland erzielen Jungen im Schnitt 10 Punkte mehr als Mädchen. Dabei liegt Deutschland über dem OECD-Durchschnitt. Zwischen den beiden naturwissenschaftlichen Studien von 2006 und 2015 habe sich sogar die Differenz um 3 % erhöht (siehe Abb.2). (ebd., S. 2) Die SuS schneiden auf der Subskala *konzeptuelles Wissen* im Durchschnitt 6 Punkte besser ab als auf der der Subskala *prozedurales* und *epistemisches Wissen*.

Dabei gelingt es Jungen im konzeptuellen Wissensbereich 20 Punkte mehr zu erreichen als die Mädchen. Im Bereich des prozeduralen und konzeptuellen Wissens ist in Deutschland kein geschlechtsspezifischer Unterschied zu erkennen. (ebd., S. 3)

2.1.2 Leistungsunterschied bei Migrationshintergrund

In Deutschland erzielen SchülerInnen mit Migrationshintergrund durchschnittliche 72 Punkte weniger als SuS ohne Migrationshintergrund. Berücksichtigt man nun den sozioökonomischen Status und der im Lebensumfeld der SuS gesprochenen Sprache verringere sich dieser Wert jedoch auf 28 Punkte (siehe Abb.3). (ebd., S. 6)

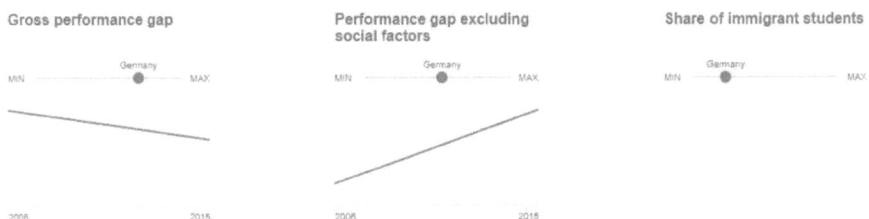

Abbildung 3) Vergleich der Leistungsergebnisse der Pisa-Studien 2006 und 2015 in den Kategorien, Leistungsunterschiede, Leistungsunterschiede ohne soz. Faktoren und Anteil SuS mit Migrationshintergrund. (OECD, 12.01.2018)

2.1.3 Sozioökonomischer Hintergrund und dessen Leistungsauswirkung

Sozioökonomisch besser gestellte SchülerInnen erzielen im Bereich Naturwissenschaften im Schnitt mehr als 42 Punkte mehr als sozioökonomisch benachteiligte. Dies entspräche einem Leistungsunterschied von einem Schuljahr. Auch seien 16 % der Varianz der SchülerInnen-Leistungen auf den sozioökonomischen Hintergrund zurückzuführen. Dieser Wert liegt 3 % über den OECD-Durchschnitt. Dieser sei jedoch seit 2006 um 4 % gesunken. In Deutschland seien 34 % der benachteiligten SuS bzw. 9 % der gesamten SchülerInnen-population als resilient zu bezeichnen.

Abbildung 4) Vergleich der Leistungsunterschiede der Pisa-Studien 2006 und 2015 in den Kategorien, Einfluss sozialer Hintergrund, Leistungsunterschiede und Resilienz. (OECD, 12.01.2018)

Dies bedeutet, dass sie, trotz ihres schlechteren sozioökonomischen Hintergrunds, zu den leistungsstärksten 25 % der SuS weltweit gehören. Dieser Anteil ist seit 2006 um 9 % gestiegen (siehe Abb.4). (ebd., S. 1,5)

3 Naturwissenschaftliche Grundbildung

Seit Jahrzehnten herrschen Spannung über die Stellung der Naturwissenschaften im Bildungssystem. Geistes- und Sozialwissenschaftler, wie der Literaturprofessor Dietrich Schwanitz, erachten die Naturwissenschaften zwar als Notwendig zur Erklärung naturwissenschaftlicher Phänomene, jedoch könne diese nur wenig zum Verständnis über Kulturen beitragen. (Reiners, 2017, S. 23 f.) Durch die Pisa-Studie wurde allerdings eine interessante Entwicklung eingeleitet. Dort spricht man von *naturwissenschaftlicher Grundbildung* die wie folgt definiert ist:

„Naturwissenschaftliche Grundbildung ist die Fähigkeit, naturwissenschaftliches Wissen anzuwenden, naturwissenschaftliche Fragen zu erkennen und aus Belegen Schlussfolgerungen zu ziehen, um Entscheidungen zu verstehen und zu treffen, die die natürliche Welt und die durch menschliches Handeln an ihr vorgenommenen Veränderungen betreffen." (Baumert et al., S. 3)

Als essentiell wichtig wird die Fähigkeit angesehen, das Verständnis in realen, mit naturwissenschaftlichen Fragen vernetzten Situationen anzuwenden, in denen Behauptungen geprüft und Entscheidungen getroffen werden müssen. (ebd.) Naturwissenschaftliches Wissen bedeute mehr als bloßes Faktenwissen und die Kenntnis von Fachsprache. Es umfasse ein Verständnis grundlegender naturwissenschaftlicher Konzepte, von den Grenzen des naturwissenschaftlichen Wissens und von der Besonderheit der Naturwissenschaft als geschaffenes Konstrukt. (ebd.)

3.1 Die drei Grundtypen des Wissens

Wie bereits in Punkt 3 erwähnt beschränkt sich die naturwissenschaftliche Grundbildung und das Wissen in den Naturwissenschaften nicht nur auf reines Faktenwissen. Dieses *konzeptuelle Wissen*, also das Wissen über Theorien, Erklärungsideen und Informationen tritt in den Hintergrund. Dafür wird nun der Schwerpunkt u.a. auf *epistemisches Wissen* gelegt, indem die SuS die Fähigkeit entwickeln, argumentativ zu denken und zu diskutieren. Auch das *prozedurale Wissen* gewinnt an Bedeutung.

Dieses beschreibt das Wissen über Verfahren und Methoden, die für die naturwissenschaftliche Forschung wesentlich sind und die die Erhebung, Analyse und Interpretation von Daten unterstützen. In Punkt 2.1.1 ist gerade in den letzten beiden Kategorien ein großer Leistungsunterschied zwischen Jungen und Mädchen erkennbar.

3.2 Aufgabenbeispiel aus der Pisa-Studie 2015 in Bezug auf epistemisches Wissen

In den Aufgaben der Pisa-Studie sollten

- naturwissenschaftliche Prozesse, die entsprechendes Wissen voraussetzen, wobei aber das Wissen nicht die wichtigste Voraussetzung für die erfolgreiche Bewältigung der Aufgabe sein soll,
- naturwissenschaftliche Konzepte, deren Verständnis anhand von Anwendungsaufgaben in bestimmten Inhaltsbereichen gemessen werden soll,
- Situationen, die in den Testaufgaben präsentiert werden (Kontext)

abgefragt werden.

Die SuS hatten wie zu Beginn erwähnt zwei Stunden zur Bearbeitung der Aufgaben Zeit. Aufgrund des begrenzten Umfangs dieser Arbeit stellt diese nur eine Beispielaufgabe erläuternd dar. Alle anderen Aufgaben im Kompetenzbereich *Naturwissenschaften* verfügen über einen ähnlichen Aufbau. In Abb.11 (Anhang) wird den SuS eine Einleitung in das Themengebiet gegeben und auf eine Problemstellung aufmerksam gemacht. Dabei handelt es sich um das festgelegte System *Erde und Weltraum* und schafft sowohl einen lokalen und nationalen Kontext unter dem groben Thema *natürliche Ressourcen*. Zu sehen ist eine Abbildung zweier Hangflächen mit unterschiedlicher Vegetation, welche sich, sowohl in der Masse an Flora, als auch dessen Farbigkeit, unterscheiden. Hier wollen nun imaginäre SchülerInnen der Frage auf den Grund gehen, warum die Vegetation an beiden Hängen unterschiedlich ist. Die fett geschriebenen Wörter *Sonneneinstrahlung*, *Bodenfeuchtigkeit* und *Niederschlagsmenge* bilden mit ihren Erläuterungen daneben essentielle Hinweise auf den in Abb. 12 folgenden Versuchsaufbau. Wie bereits in der vorherigen Abbildung ist rechts der Informationsbereich in Form eines Bildes zu erkennen. Dies unterscheidet sich in Bezug zum Bild in Abb.11 dahingehend, dass dort nun SchülerInnen Sensoren zur Messung der bereits für die Probanden bekannten Begriffe

9

(fett gedruckt) aufgestellt wurden. Die Probanden werden nun gefragt, warum die imaginären SchülerInnen für ihre Untersuchung jeweils zwei identische Messgeräte in unterschiedlichen Bereichen der jeweiligen Hangfläche aufgestellt hätten. Hierbei handelt es sich um eine Freitextaufgabe, bei der epistemisches Wissen abgefragt wird, und beschreibt das Kompetenzniveau 3, in dem die Probanden die naturwissenschaftliche Forschung der imaginären SuS bewerten sollen.

4 Unterrichtsphase

4.1 Thema der Unterrichtsphase

Das Thema der Unterrichtsphase war: *Ist die Pisa-Studie ein Fluch oder ein Segen?* *Erarbeitung eines Standpunktes anhand zweier konträrer Meinungen*

4.2 Lernzielschwerpunkte

Die Studierenden erarbeiten in zwei Gruppen die Standpunkte von Andreas Schleicher und Heinz-Diether Meyer, entscheiden und begründen, welcher Standpunkt ihrer Meinung nach am wirksamsten zur Beantwortung der Eingangsfrage ist.

Indikatoren:

Die Studierenden...

- treffen anhand der Fallbeispiele erste Aussagen zu Möglichen Standpunkten.
- markieren im Text die wichtigsten Aspekte oder schreiben sich wichtige Punkte aus dem Video heraus, teilen ihre Arbeitsergebnisse in der kleinen Gruppe mit und vergleichen diese.
- treten in der Klasse wieder zusammen und bilden nun gemäß der Methode *Kugellager* einen Außenkreis (Gruppe A) und einen Innenkreis (Gruppe B), diskutieren nun nach Regeln über oben erwähnte Eingangsfrage und tauschen unterschiedliche Standpunkte aus.
- tragen ihre Ergebnisse in einer Interaktiven Mindmap zusammen.

4.3 Lernvoraussetzung

Der Kurs besteht aus 15 Studenten, wovon einer der Referent ist. Der Kurs zeigt aufgrund seines Studienschwerpunktes (Lehramt) Interesse an sozialpolitischen Themen, die das Lehr- und Lebensumfeld beeinflussen. Die Mitarbeit kann als aktiv beschrieben werden, wobei drei Studierende durch eine motivierende Haltung interessierter wirken. Da manche Studierende öfters während des Unterrichts auf ihr Smartphone schauen, wählte der Referent eine aktive Arbeitsphase mit Bewegung und klaren Zeitanweisungen. Hinsichtlich des zu führenden Unterrichts entschied sich dieser für die Methode *Kugellager*, welche einigen Studierenden bereits bekannt war. Auch die Methode der *Redekette* war bereits bekannt. (Mattes, 2011, S. 106 f.) Die Fähigkeit Schlüsselbegriffe und -strukturen in Mindmaps zu erkennen wird von dem Referenten vorausgesetzt. Inhaltlich bekommen die Studierenden in der Stunde selbst Informationen zum Thema *Pisa-Studie* durch den Referenten und der gehaltenen Präsentation.

4.4 Methodische Begründung

Der Einstieg in die Unterrichtsphase des Referenten wurde durch mehrere kleine Stille Impulse gestaltet. Dafür benutzte dieser eine mit dem Präsentationsprogramm Prezi entwickelte Präsentation und blendete auf dem Whiteboard unterschiedliche Überschriften von Zeitungsartikel ein, die allesamt einen eher negativen Einblick in das Thema *Pisa-Test* gaben. Dies bietet den Studierenden die Möglichkeit, gerade in Verbindung mit der Redekette, kooperativ zu Lernen. Dabei bekamen sie einen Impuls durch eine Artikelüberschrift und einen Denkauftrag in Form der Frage „Habt ihr von der in den Artikeln angesprochen Thematik bereits gehört? ".

Die darauffolgende Redekette, in der sich die Studierenden selbständig einander aufriefen, schaffte so eine, durch die Studierenden, mitgestaltete Methode. Sie fordere die Eigeninitiative und erzeuge ein stressfreies und angenehmes Lernklima. Gleichzeitig wurden die sprachlichen Anteile des Referenten gesenkt, sodass dieser entlastet wurde. Dieser konnte sich dadurch Notizen machen, die für die spätere Gruppeneinteilung wichtig waren. (ebd., S. 101, 106) Aus den Zeitungsartikel heraus, entwickelte sich eine Problemstellung: Ist die Pisa-Studie nun ein Fluch oder ein Segen? Der Referent klärte die Studierenden über das weitere Vorgehen auf. Auf diese Weise wird Stunden- und Zieltransparenz geschaffen.

Im Anschluss an das Referat wurden die Studierenden anhand der bereits erwähnten Notizen in zwei Gruppen eingeteilt, die jeweils einen Standpunkt zur Debatte repräsentierten. Dabei wurde seitens des Referenten darauf geachtet, dass Studierende, die eine klare Antipathie gegenüber der Leistungsstudie darstellten, in die Gruppe eingeteilt wurden, welche die entgegengesetzte Meinung darstellte.

Auch hier erklärte der Referent die weitere Planung anhand eines Schaubildes und erklärte die Methode des Kugellagers. Dies ist eine sehr kommunikative Methode, wodurch die Studierenden mit unterschiedlichen Standpunkten konfrontiert wurden. Die ausgeteilten Arbeitsblätter stellten zum einen eine schriftliche Quelle in Form eines Interviews und zum anderen eine audiovisuelle Quelle in Form eines geschnittenen YouTube-Videos dar (Abb. 6-10 im Anhang). Bei dieser Methode bildete eine Gruppe den Außenkreis während die andere Gruppe den Innenkreis bildete. Die Studierenden standen sich nun gegenüber und konnten so im gebildeten Tandem die Informationen austauschen. Nach Aufforderung des Referenten und einem akustischen Signal rotierte nun der Außenkreis um zwei Plätze nach rechts. Nun konnten neugewonnene Erkenntnisse vertieft, ergänzt und korrigiert werden. (Stricker) Die Studierenden hatten insgesamt 10 Minuten zum Vorbereitung des Diskurses Zeit. Dafür lief ein Countdown herunter, der von einer Gruppe gesehen werden konnte. Da aufgrund des anzusehenden Videos von Gruppe B Gruppe A gestört worden wäre, entschied sich der Referent zur Trennung der beiden Gruppen und nutzte sein Smartphone als Countdown, sodass auch Gruppe B eine transparente Zeitvorstellung hatte. Nach der Erarbeitung fanden sich beide Gruppen im Seminarraum zusammen in dem nun drei Durchgänge zu je zwei Minuten Redezeit genutzt wurden, um den jeweiligen Partner von seinem Standpunkt zu überzeugen. Die Sicherung erfolgte in einer Plenumsdiskussion, indem der Referent das von den studierenden Gesagte in eine interaktive Mindmap schrieb, welche sich zur Bearbeitung von komplexen Sachverhalten eignet.

Die von den Studierenden gewonnenen Informationen zur Beantwortung der eingangs dargelegten Frage konnte so nun in ein Bild umgewandelt werden. (Mattes, 2011, S. 140) Diese Methode eignet sich besonders um komplexere Sachverhalte einfach und übersichtlich darzustellen. Mindmapping aktiviere beide Gehirnhälften, wodurch auch nach langer zeit ein einfacher Blick ausreiche, um sich die wichtigsten Aussagen des Themas widerholt zu erschließen.

4.5 Zusammenfassung der Stunde und Feedback der Studierenden

Die Stunde wurde für die Studierenden übersichtlich in der Mindmap zusammengestellt (Abb.5). Dabei wurde auf die Chancen und Risiken der Pisa-Studie eingegangen. Diese sei zwar ein Innovationsmotor für bessere Bildung, dadurch dass der Politik die Missstände in der Gesellschaft offengelegt würden und schaffe somit eine Notwendigkeit einer stärkeren finanziellen Unterstützung, jedoch zeige eine Standardisierung auch eine Normierung der SchülerInnen, wodurch eine individuelle Förderung wegfallen könne. Die naturwissenschaftliche Grundbildung habe durch die Pisa-Studie einen höheren Stellenwert bekommen, wodurch verschiedene Anwendungsbereiche, Prozesse und Basiskonzepte, wie z.b. Energie, kenntlicher wurden.

Das Feedback der Studierenden war im Allgemeinen positiv. Sie sprachen sich für die frei gesprochene und gut verständliche Sprache des Referenten aus. Des Weiteren
konnte das Layout der Arbeitsblätter, im speziellen das große Notizfeld und der QR-Code, überzeugen. Ebenfalls als positiv dargestellt wurde die multimediale Nutzung und der Methodenwechsel. Gerade die Studierenden der Videogruppe haben sich eine längere Bearbeitungszeit und einen besseren naturwissenschaftlichen Bezug gewünscht. Dem Referenten fiel zusätzlich während der Erarbeitungsphase auf, dass die Gruppe des Interviews bereits nach kurzer Zeit das Arbeitsblatt bearbeitet hatte. Daraus lässt sich eine zu geringe Schwierigkeit der Quelle feststellen.

Dagegen stand eine durchaus knapp bemessene Erarbeitungszeit der Video Gruppe, welche durch Verwendung der englischen Sprache zusätzlich erschwert wurde. Hier können als Verbesserung Untertitel eingesetzt werden und ein entspannteres Zeitmanagement.

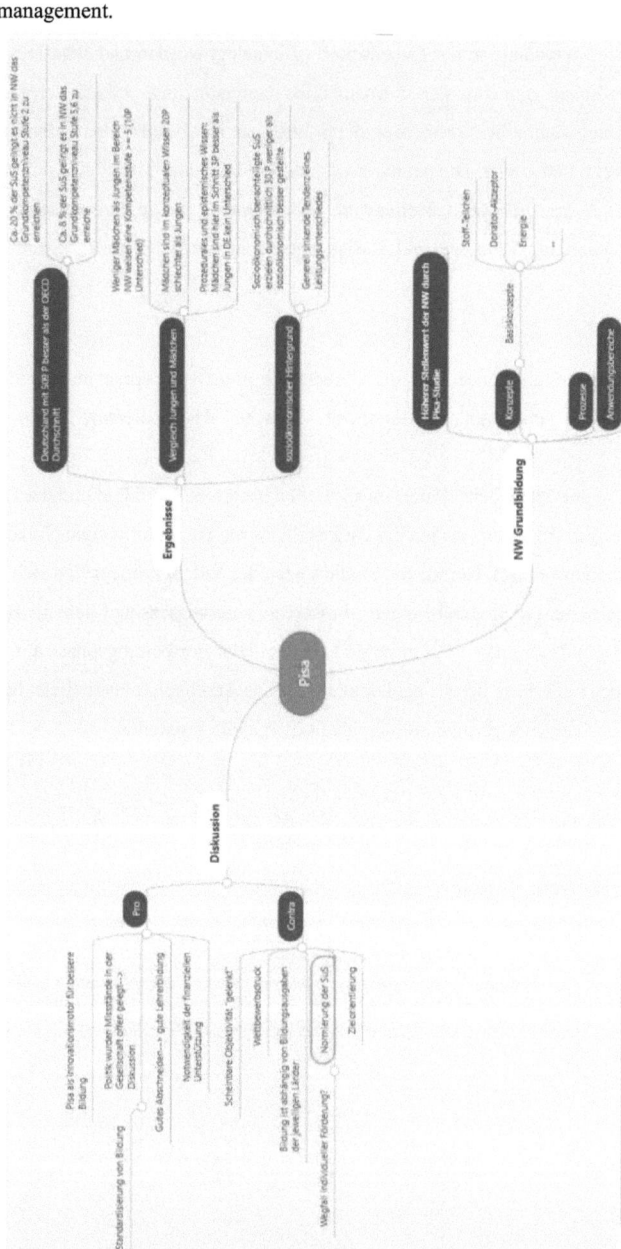

Abbildung 5) Stundensicherung als Mindmap dargestellt.

5 Anhang

5.1 Tabellen

Tabelle 1) Darstellung der Testergebnisse der Pisa-Studie 2015 in den Kategorien der Naturwissenschaften, Lesekompetenz und Mathematik. (Schleicher, p. 5)

	Naturwissenschaften		Lesekompetenz		Mathematik		Naturwissenschaften, Lesekompetenz und Mathematik	
	Mittelwert in PISA 2015	Durchschnittl. Dreijahres-trend	Mittelwert in PISA 2015	Durchschnittl. Dreijahres-trend	Mittelwert in PISA 2015	Durchschnittl. Dreijahres-trend	Anteil besonders leistungs-starker Schüler (Stufe 5 oder 6) in mind. 1 Bereich	Anteil leistungsschwacher Schüler (unter Stufe 2) in allen 3 Bereichen
	Mittelwert	Punktdiff.	Mittelwert	Punktdiff.	Mittelwert	Punktdiff.	%	%
OECD-Durchschnitt	493	-1	493	-1	490	-1	15.3	13.0
Singapur	556	7	535	5	564	1	39.1	4.8
Japan	538	3	516	-2	532	1	25.8	5.6
Estland	534	2	519	9	520	2	20.4	4.7
Chinesisch Taipeh	532	0	497	1	542	0	29.9	8.3
Finnland	531	-11	526	-5	511	-10	21.4	6.3
Macau (China)	529	6	509	11	544	5	23.9	3.5
Kanada	528	-2	527	1	516	-4	22.7	5.9
Vietnam	525	-4	487	-21	495	-17	12.0	4.5
Hongkong (China)	523	-5	527	-3	548	1	29.3	4.5
B-S-J-G (China)	518	m	494	m	531	m	27.7	10.9
Korea	516	-2	517	-11	524	-3	25.6	7.7
Neuseeland	513	-7	509	-6	495	-8	20.5	10.6
Slowenien	513	-2	505	11	510	2	18.1	8.2
Australien	510	-6	503	-6	494	-8	18.4	11.1
Ver. Königreich	509	-1	498	2	492	-1	16.9	10.1
Deutschland	509	-2	509	6	506	2	19.2	9.8
Niederlande	509	-5	503	-3	512	-6	20.0	10.9
Schweiz	506	-2	492	-4	521	-1	22.2	10.1
Irland	503	0	521	13	504	0	15.5	6.8
Belgien	502	-3	499	-4	507	-5	19.7	12.7
Dänemark	502	2	500	3	511	-2	14.9	7.5
Polen	501	3	506	3	504	5	15.8	8.3
Portugal	501	8	498	4	492	7	15.6	10.7
Norwegen	498	3	513	5	502	1	17.6	8.9
Ver. Staaten	496	2	497	-1	470	-2	13.3	13.6
Österreich	495	-5	485	-5	497	-2	16.2	13.5
Frankreich	495	0	499	2	493	-4	18.4	14.8
Schweden	493	-4	500	1	494	-5	16.7	11.4
Tschech. Rep.	493	-5	487	5	492	-6	14.0	13.7
Spanien	493	2	496	7	486	1	10.9	10.3
Lettland	490	1	488	2	482	0	8.3	10.5
Russland	487	3	495	17	494	6	13.0	7.7
Luxemburg	483	0	481	5	486	-2	14.1	17.0
Italien	481	2	485	0	490	7	13.5	12.2
Ungarn	477	-9	470	-12	477	-4	10.3	18.5
Litauen	475	-3	472	2	478	-2	9.5	15.3

Länder/Volkswirtschaften, deren Durchschnittsergebnis/Anteil besonders leistungsstarker Schüler über dem OECD-Durchschnitt liegt

Länder/Volkswirtschaften, deren Durchschnittsergebnis/Anteil leistungsschwacher Schüler/Anteil besonders leistungsstarker Schüler/Anteil leistungsschwacher Schüler nicht signifikant vom OECD-Durchschnitt abweicht

Länder/Volkswirtschaften, deren Durchschnittsergebnis/Anteil besonders leistungsstarker Schüler unter dem OECD-Durchschnitt/Anteil leistungsschwacher Schüler über dem OECD-Durchschnitt liegt

5.2 Arbeitsblätter

A
Pisakolonialismus

OECD
PISA

Arbeitsaufträge

1. Lesen Sie sich das Interview des Soziologen Prof. H.D. Meyer durch.
2. Fassen Sie die wichtigsten Aspekte, die von Meyer angesprochen werden, in Stichpunkten zusammen.

Interview

SPIEGEL ONLINE: Was ist an Pisa schlecht, Herr Meyer?

Meyer: Dieser Test normiert das Lehren und Lernen weltweit. Es herrscht ein uniformes Strickmuster. Das wäre schon schlimm genug, selbst wenn Pisa ein guter Test wäre. Aber Pisas Normierung verfolgt ein ausschließlich ökonomisches Kalkül. Es hat einen weltweiten Wettlauf um höhere Testresultate nach Pisa-Normen eingeleitet.

SPIEGEL ONLINE: Ist das eine Kritik am Test - oder eher am Umgang der Politik mit den Ergebnissen?

Meyer: Beides. Der Pisa-Koordinator Andreas Schleicher mag sagen, er könne nichts dafür, wenn Politiker aus seinen Daten die falschen Schlüsse ziehen. Aber er weiß, wie Politik funktioniert und was passiert, wenn Testergebnisse in sensationsheischenden Rankingtabellen veröffentlicht werden.

SPIEGEL ONLINE: Pisa hat wichtige Informationen über Schule geliefert.

Meyer: Pisa kreiert statistische Artefakte, die leicht verdaulich gemacht werden, in simple Hitlisten verpackt. Politiker mögen das, und es ist prima Medienfutter.

SPIEGEL ONLINE: In Deutschland hat Pisa den Leuten die Augen geöffnet. Wir kennen nun den großen Leistungsabstand von Hauptschulen zu anderen Schulen.

Meyer: Es war lange vorher bekannt, dass Hauptschulen skandalöse Restschulen sind. Aber es stimmt: In Deutschland hat Pisa auf besondere Probleme hingewiesen und einen zuvor nicht gekannten Handlungsdruck erzeugt. Aber die Richtung des Drucks ist einseitig ökonomisch-technokratisch. Und dasselbe Modell wird der ganzen Welt aufoktroyiert.

SPIEGEL ONLINE: Pisa unterwirft die ganze Welt einem Diktat?

Meyer: Gerade schicken sich die Pisa-Macher an, die Tests auf Afrika und Lateinamerika auszuweiten. Das ist bildungspolitischer Kolonialismus. Das wird enormen Druck auf oft sehr arme Länder auslösen, dortige Schulen an westliche Vorstellungen anzupassen

SPIEGEL ONLINE: Sie zweifeln in Ihrem neuen Thesenpapier gegen Pisa auch an, dass die Ergebnisse von Shanghai, Singapur und Liechtenstein korrekt sind.

Abbildung 6) Arbeitsblatt Gruppe A Seite 1: Pisakolonialismus (Autor: Maurice Gangl)

Pisakolonialismus

OECD
PISA

Meyer: Ich zweifle die Shanghai-Resultate an, weil sie auf einer selektiven Beteiligung von Schülern beruhen. Mein Kollege Yon Zhao, von der Universität von Oregon und gebürtiger Chinese, hat nachgewiesen, dass große Teile der vom Lande stammenden Schüler Shanghais von den Tests ausgeschlossen waren. Auch muss man wissen, dass Schulen Monate zuvor informiert werden, dass sie an Pisa teilnehmen. Es gibt Berichte über Shanghai, wonach Schulleiter ihre Schüler bis spät nachts auf die Tests getrimmt haben.

SPIEGEL ONLINE: Warum ist Pisa Ihrer Ansicht nach undemokratisch?

Meyer: Die OECD ist ein Rich-Men's-Club. Das Argument, das dort sticht, ist nicht die Zustimmung der Regierten, sondern allein ökonomische Effizienz. Die Mitgliedsländer sind mit ihren Wirtschafts- und Finanzministern bei der OECD vertreten.

SPIEGEL ONLINE: In Deutschland hat Pisa zunächst dazu geführt, dass die Kultusminister die schlechten Ergebnisse der Schulen erklären mussten. Das war doch ein echter Gewinn.

Meyer: Es ist nichts dagegen einzuwenden, wenn sich die Kultusminister für ihre Schulen vor den Bürgern verantworten müssen. Aber dann bitte nach einem selbstbestimmten und demokratischen Standard.

SPIEGEL ONLINE: Herr Meyer, Sie fordern, die nächste Testrunde von Pisa auszusetzen. Was soll stattdessen geschehen?

Meyer: Wir müssen uns zusammensetzen und uns fragen: Was wollen wir lernen? Was sollen die öffentlichen Schulen dieser Welt vermitteln? Jeder, der an Bildung interessiert ist, soll daran teilnehmen können. Eine Bildungsreform von unten [1].

Heinz-Dieter Meyer ist Professor an der New York State University in Albany. Er ist spezialisiert auf die Steuerung von Bildungssystemen. Meyer studierte Soziologie an der Universität Göttingen und ging 1983 zur Pomotion in die USA. 2013 gab Meyer zusammen mit Aaron Benavot einen großen pisakritischen Band heraus: Pisa, Power, Policy.

[1] Füller, C., Spiegel Online, abgerufen unter: http://www.spiegel.de/lebenundlernen/schule/pisa-und-bildungspolitik-interview-mit-heinz-dieter-meyer-a-969330.html, am 18.10.2017.

Abbildung 7) Arbeitsblatt Gruppe A Seite 2: Pisakolonialismus (Autor: Maurice Gangl)

Pisakolonialismus

OECD
PISA

Notizen

Abbildung 8) Arbeitsblatt Gruppe A Seite 3: Pisakolonialismus (Autor: Maurice Gangl)

B   Use data to build better schools

OECD
PISA

Arbeitsaufträge

1. Schauen Sie sich das Video an.
2. Fassen Sie die wichtigsten Aspekte, die von Schleicher angesprochen werden, in Stichpunkten zusammen.

Video

Scannen Sie den untenstehenden QR-Code oder geben Sie folgenden Link in Ihrem Internet Browser ein.

https://uni-koeln.sciebo.de/index.php/s/3dPzL56iZJjxoZe

Das ganze Video:

https://www.youtube.com/watch?v=7Xmr87nsI74&t=

Andreas Schleicher ist ein deutscher Statistiker und Bildungsforscher. Er ist bei der OECD Direktor des Direktorats für Bildung. Einer breiteren Öffentlichkeit bekannt ist er als Internationaler Koordinator des *Programm for International Student Assessment.* [1]

---

[1] Andreas Schleicher, Wikipedia, abgerufen unter: https://de.wikipedia.org/wiki/Andreas_Schleicher, am 18.10.2017.

Abbildung 9) Arbeitsblatt Gruppe B Seite 1: Use data to build better schools (Autor: Maurice Gangl)

Use data to build better schools

OECD
PISA

Notizen

Abbildung 10) Arbeitsblatt Gruppe B Seite 2: Use data to build better schools (Autor: Maurice Gangl)

5.3 Abbildungen

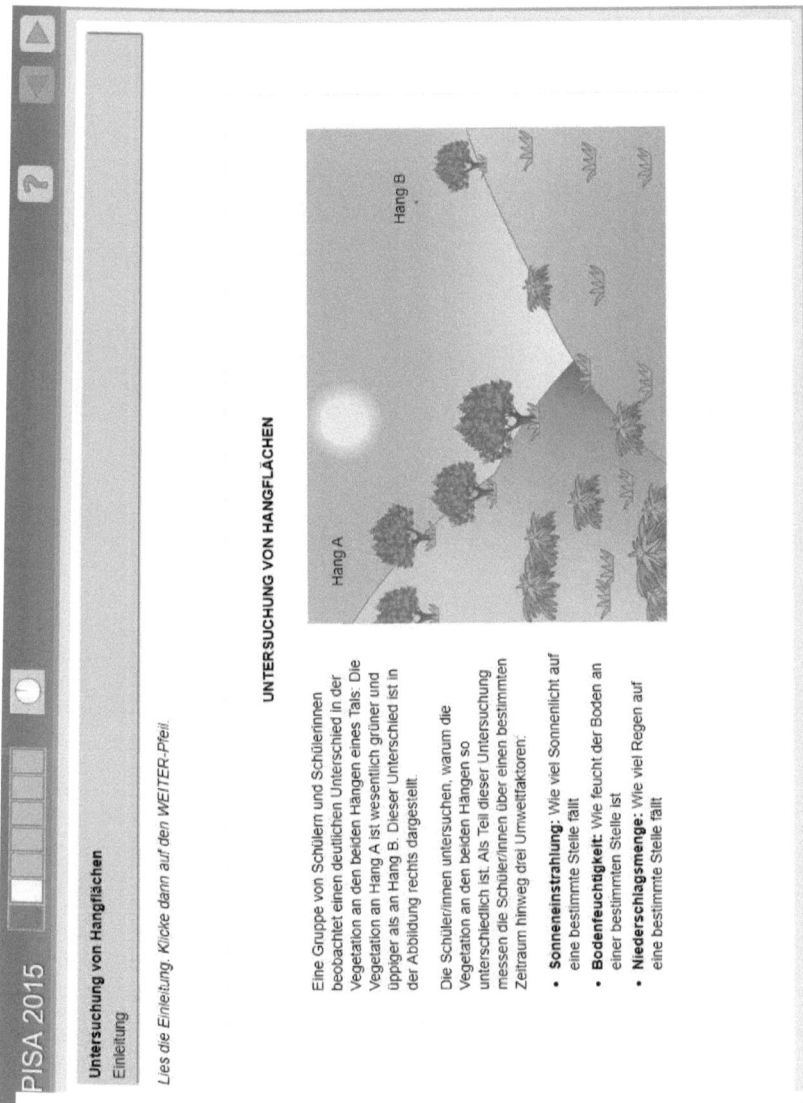

Abbildung 11) Aufgabeneinleitung: Untersuchung von Hangflächen. (OECD, 05.10.2016)

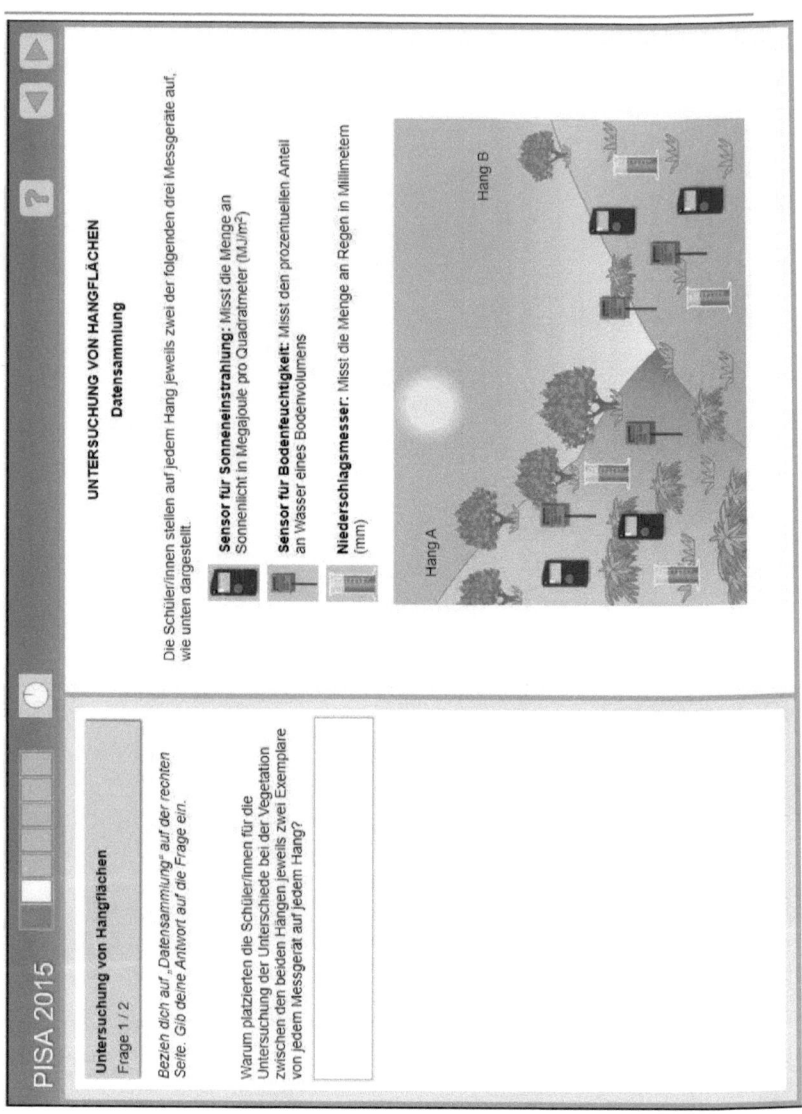

Abbildung 12) Aufgabe: Naturwissenschaftliches Experiment planen und bewerten. (OECD, 05.10.2016)

6 Abbildungsverzeichnis

7 Tabellenverzeichnis

8 Literaturverzeichnis

1

Baumert, J., Klieme, E., Neubrand, M., Prenzel, M., Schiefele, U., Schneider, W.,. . . Weiß, M. Internationales und nationales Rahmenkonzept für die Erfassung von naturwissenschaftlicher Grundbildung in PISA. von https://www.mpib-berlin.mpg.de/Pisa/KurzFrameworkScience.pdf.

2

Kerstan, T. (2011). Abgerufen am 01.October 2017 von http://www.zeit.de/2011/49/C-Pisa-Rueckblick.

3

Mattes, W. (2011). *Methoden für den Unterricht*, Paderborn: Schöningh.

4

OECD. (2016). *Aufgabe Untersuchung an Hangflächen*. Abgerufen am 09.March 2018 von http://www.oecd.org/pisa/PISA2015Questions/platform/index.html?user=&domain=SCI&unit=S637-SlopeFaceInvestigation&lang=deu-AUT.

5

Reiners, C. S. (2017). *Chemie vermitteln: Fachdidaktische Grundlagen und Implikationen. Lehrbuch*, Berlin, Heidelberg, Berlin, Heidelberg: Springer Berlin Heidelberg; Imprint: Springer Spektrum.

6

Rose, B. PISA 2015 Laendernotiz-Deutschland. von https://www.oecd.org/berlin/themen/pisa-studie/PISA_2015_Laendernotiz-Deutschland.pdf.

7

Schleicher, A. PISA 2015 Ergebnisse im Fokus. von
https://www.oecd.org/berlin/themen/pisa-
studie/PISA_2015_Zusammenfassung.pdf.

8

Stricker, F. Individuelle Förderung an beruflichen Schulen _ Kugellager. von
https://lehrerfortbildung-
bw.de/st_if/bs/if/unterrichtsgestaltung/methodenblaetter/kugellager.pdf.

BEI GRIN MACHT SICH IHR WISSEN BEZAHLT

- Wir veröffentlichen Ihre Hausarbeit,
  Bachelor- und Masterarbeit

- Ihr eigenes eBook und Buch -
  weltweit in allen wichtigen Shops

- Verdienen Sie an jedem Verkauf

Jetzt bei www.GRIN.com hochladen und kostenlos publizieren